1. September 1951

I. Nachtrag

zur

Amtlichen Liste der Seeschiffe der Bundesrepublik Deutschland

mit

Unterscheidungssignalen

vom Jahre 1951,

herausgegeben vom

Bundesminister für Verkehr.

VERLAG WALTER DE GRUYTER & CO., BERLIN W 35, GENTHINER STR. 13

A. Nachtrag zur Liste der Handelsschiffe

DCAA — DDUH

Seite	Unterscheidungssignale	Namen der Schiffe	Heimathafen der Schiffe	Kubikmeter (Nettoraumgehalt)	Registertons (Nettoraumgehalt)	PS
		1. Neueintragungen				
8/112	DCAA	Walter Behrens	Köln	408,2	144,10	250
8/109	DCAB	Sigrid	Köln	408,6	144,23	250
8/94	DCAS	Heimkehr	Duisburg	272,8	96,29	250
8/107	DCAU	Ruhr	Duisburg-Ruhrort	419,5	148,10	250
18/100	*DCVD*	La Paloma	Leer	442,5	156,21	250
18/92	DCVF	Gent Visser	Norderney	59,7	21,09	130
18/106	DCVG	Pegasus	Leer	23,9	8,44	250
18/83	DCVH	Anne Albrecht	Carolinensiel	7,7	2,72	30
18/101	DCVI	Lydia	Carolinensiel	7,6	2,69	20/25
18/98	*DCVJ*	Justizrat Clasen	Leer	431,1	152,34	860
18/89	DCVK	Erna	Greetsiel	13,1	4,63	75
18/97	*DCVL*	Jakob Ekkenga	Emden	425,1	150,05	680
18/105	DCVM	Nordmeer	Norddeich	11,5	4,04	90
18/112	*DCVN*	Westfalen	Emden	399,2	140,91	520
18/95	*DCVO*	Henriette Schulte	Emden	9251,9	3265,92	4000
18/95	DCVP	Hermann Litmeyer	Haren/Ems	389,1	137,36	300
20/96	DDDS	Hinderk Bültjer	Varelerhaven	7,7	2,70	50
20/112	DDDT	Vörut	Varelerhaven	8,0	2,71	30
20/113	DDDU	Wiking	Varelerhaven	7,7	2,70	50
22/83	DDKP	Anton Wilhelm	Brake	420,6	148,49	270
22/97	*DDKQ*	Irmingard	Nordenham	3655,1	1290,25	1600
22/104	DDKR	Münsterland	Barssel	403,3	142,35	360
22/104	DDKS	Narwal	Oldenburg	35,0	12,36	120
26/101	*DDUG*	Lumme	Bremen	2075,8	732,75	1500
26/89	DDUH	Emmy Friederich	Bremen	16466,6	5860,00	2×2250

DDUI — DEUJ

Seite	Unterscheidungssignale	Namen der Schiffe	Heimathafen der Schiffe	Kubikmeter Nettoraumgehalt	Registertons Nettoraumgehalt	PS
26/84	*DDUI*	Baden	Bremen	423,5	149,51	480
26/95	*DDUJ*	Helios	Bremen	3799,0	1341,05	1600
26/86	*DDUK*	Delia	Bremen	1986,6	701,26	1100
26/89	*DDUL*	Erpel	Bremen	2075,7	732,73	1500
26/95	*DDUM*	Hercules	Bremen	3930,3	1387,41	2×800
26/107	*DDUN*	Rheinstein	Bremen	4233,8	1494,52	2400
26/106	DDUO	Pakistan	Bremen	187,3	66,13	2×200
26/83	DDUP	Arion	Bremen	366,2*	129,27*	700
26/95	DDUQ	Herkules	Bremen	366,9*	129,50*	700
26/110	DDUR	Steinbock	Bremen	366,9*	129,50*	700
26/112	DDUS	Vulcan	Bremen	366,2*	129,27*	700
26/96	*DDUT*	Hestia	Bremen	3926,8	1386,16	2×800
26/100	*DDUU*	Lahnstein	Bremen	4234,0	1494,59	2400
26/103	DDUV	Milos	Bremen	417,1	147,25	300
26/100	*DDUW*	Lahneck	Bremen	1945,9	686,90	1200
26/107	*DDUX*	Saarstein	Bremen	4234,0	1494,59	2400
26/88	*DDUY*	Elsbeth Wiards	Bremen	9171,1	3237,41	2800
26/104	*DDUZ*	Nordland	Bremen	375,0	132,36	300
26/84	*DEAA*	Atlas	Bremen	4013,2	1416,67	2400
26/104	*DEAB*	Niedersachsen	Bremen	280,0	98,91	400
26/109	DEAC	Sirius	Bremen	368,7*	130,15*	700
26/92	*DEAD*	Gisela Meyer-Gerhards	Bremen	398,0	140,50	360
26/97	*DEAE*	Innstein	Bremen	4234,0	1494,59	2400
26/89	DEAF	Eschersheim	Bremen	4735,4	1685,20	950
26/89	DEAG	Emsstein	Bremen	4242,4	1497,56	2400
26/100	*DEAH*	Levante	Bremen	4013,2	1416,67	2400
26/101	DEAI	Maja	Bremen	413,5	145,95	300
26/101	DEAJ	Marga Kiepe	Bremen	392,0	138,37	300
26/100	DEAK	Lesummünde	Bremen	327,7	115,67	150
26/107	DEAL	Ruhrstein	Bremen	4238,7	1496,27	3900
26/91	DEAM	Geschwister Raabe	Bremen	560,0	197,66	520
26/85	DEAN	Buntentor	Bremen		1789	1400
26/91	DEAO	Gazelle	Bremen	760,3	268,39	500
26/112	*DEAP*	Westsee	Bremen	7419,4	2619,06	2200
26/111	DEAR	Traunstein	Bremen	7353,2	2595,68	4800
29/107	*DETV*	Richard Kaselowski	Bremerhaven	648,8	229,01	875
29/92	DEUA	Gotland	Bremerhaven	58,9	20,78	120
29/91	*DEUB*	Friedrich Busse	Bremerhaven	679,6	239,88	875
29/106	DEUC	Pommern	Bremerhaven	59,5	21,02	120
29/99	DEUD	Klara	Bremerhaven	59,6	21,04	120
29/93	DEUE	Gudrun	Bremerhaven	58,6	20,70	120
29/104	DEUF	Neuwerk	Bremerhaven	66,3	23,41	120
29/107	*DEUH*	Roland	Bremerhaven	676,9	238,95	1000
29/92	*DEUI*	Gerhard van Heukelum	Bremerhaven	709,5	250,46	875
29/93	DEUJ	Haltenbank	Bremerhaven	672,7	237,46	1000

* = Bruttoraumgehalt.

DEUL — DHMX

Seite	Unterscheidungssignale	Namen der Schiffe	Heimathafen	Nettoraumgehalt Kubikmeter	Nettoraumgehalt Registertons	PS
29/86	DEUL	Cornelia Sieghold	Bremerhaven	365,2	128,91	500
29/84	*DEUM*	August Bösch	Bremerhaven	555,1	195,95	850
33/88	*DFLX*	Elbe	Cuxhaven	406,7	143,56	750
33/104	*DFLY*	Muschelgrund	Cuxhaven	60,1	21,90	180
33/96	*DFMA*	Hildesheim	Cuxhaven	640,1	225,95	800
33/98	DFMB	John Olbers I	Cuxhaven	101,6	35,87	100
33/98	DFMC	John Olbers III	Cuxhaven	69,3	24,48	75
33/95	DFMD	Helene	Otterndorf	91,9	32,44	
33/95	DFME	Hermann	Oberndorf	42,9	15,13	12
33/82	DFMF	Anita	Oberndorf	83,4	29,45	
33/83	DFVV	Anna	Stade	64,7	22,84	
35/83	*DFZF*	Anna Sietas	Grünendeich	427,4	150,86	250
35/106	DFZG	Pohlmann I	Assel	55,0	19,42	25
35/90	DFZH	Fortuna	Wischhafen	63,3	22,36	
35/98	DFZI	Jut'n Feldmann	Stade	386,6	136,45	250
35/101	DFZJ	Magda Elfers	Assel	114,2	40,32	40
35/95	DFZK	Heinz	Lühe	192,6	67,99	
35/88	DFZL	Elfriede	Assel	32,6	11,50	
35/92	DFZM	Gerda Adele	Elm/Stade	71,1	25,09	
35/86	DFZN	Courier	Dornbusch	76,4	26,95	18
52/87	DHHS	Doggerbank	Burg/Fehmarn	57,3	20,21	150
54/86	*DHLV*	Cläre Hugo Stinnes	Hamburg	3896,8	1375,56	1950
54/99	DHLW	Köhlfleet	Hamburg	420,7	148,52	250
54/102	*DHLX*	Maria Weitert	Hamburg	2739,3	966,97	700
54/99	*DHLY*	Kolonius	Hamburg	8041,5	2838,65	1750
54/110	*DHLZ*	Tanger	Hamburg	4946,3	1746,05	2000
54/101	*DHMA*	Mai Rickmers	Hamburg	7945,8	2804,86	1700
54/88	DHMB	Elke	Bremerhaven	61,6	21,78	120
54/88	*DHMC*	Ellen Hugo Stinnes	Hamburg	6130,4	2164,01	2000
54/97	DHMD	Jacob Becker	Hamburg	342,2	120,78	300
54/85	*DHMF*	Brandenburg	Hamburg	4146,3	1463,64	2350
54/103	*DHMG*	Messina	Hamburg	3548,8	1252,37	2000
54/101	DHMH	Luise	Hamburg	17,6	6,23	40
54/110	*DHMI*	Svealand	Hamburg	2006,0	708,12	1600
54/82	*DHMJ*	Algier	Hamburg	3548,5	1252,63	1600
54/95	*DHMK*	Heinrich Ihde	Hamburg	546,8	193,03	750
54/100	*DHML*	Lisboa	Hamburg	1858,6	665,10	1400
54/107	DHMM	REG III	Hamburg	9584,7	3383,39	2200
54/86	DHMN	Cora	Hamburg	1005,0	354,39	660
54/111	*DHMO*	Valencia	Hamburg	3566,0	1258,79	1600
54/108	*DHMP*	Santa Ursula	Hamburg	11710,0	4133,63	3600
54/101	*DHMR*	Marabu	Hamburg	551,0	194,49	540
54/93	*DHMS*	Hai	Hamburg	34,2	12,06	120
54/94	*DHMT*	Hecht	Hamburg	34,2	12,06	120
54/111	*DHMU*	Timandra	Hamburg	640,0	225,90	800
54/106	*DHMV*	Palermo	Hamburg	3562,3	1257,50	1600
54/106	*DHMW*	Pleugerpumpe 2	Hamburg	87,4	30,86	200
54/105	*DHMX*	Norrland	Hamburg	3487,0	1230,91	1600

DHMY — DHOR

Seite	Unterscheidungssignale	Namen der Schiffe	Heimathafen der Schiffe	Kubikmeter Nettoraumgehalt	Registertons Nettoraumgehalt	PS
54/85	DHMY	Charles E. Eckelmann....	Hamburg			
54/102	DHMZ	Marianne........	Hamburg	74,9	26,44	18
54/89	DHNA	Energie	Hamburg	96,1	33,94	200
54/84	DHNB	Atlantic.........	Hamburg	12036,0	4253,00	2250
54/110	DHNC	Süllberg.........	Hamburg	506,3	178,72	2×270
54/83	DHND	Antje	Bremerhaven	62,9	22,70	120
54/97	*DHNE*	Jersbek	Hamburg	2829,0	998,65	1850
54/84	*DHNF*	Benno	Hamburg	3631,8	1282,02	2000
54/106	*DHNG*	Planet	Hamburg	479,8	169,35	300
54/82	DHNI	Amanda	Hamburg	136,9	48,33	35
54/110	*DHNJ*	Steinhöft........	Hamburg	1428,4	504,21	1500
54/93	*DHNK*	Grunewald	Hamburg	8078,9	2851,87	2300
54/108	*DHNL*	Santa Elena.....	Hamburg	11707,7	4132,82	4000
54/107	*DHNM*	Roland	Hamburg	18346,5	6529,00	4700
54/111	*DHNN*	Titania	Hamburg	640,0	225,92	800
54/99	*DHNO*	Käthe Jonas	Hamburg	374,3	132,13	300
54/95	DHNP	Helene	Hamburg	52,7	18,62	18
54/103	DHNQ	Medemsand......	Hamburg	1767,5	629,00	1200
54/100	DHNR	Leichter 1	Hamburg	943,8	333,17	
54/99	*DHNS*	Klaus Schoke ...	Hamburg	9241,4	3262,22	3000
54/100	*DHNT*	Lina Robert Müller	Hamburg	2185,1	771,35	1480
54/82	DHNU	Alice	Hamburg	830,7	293,24	650
54/106	DHNV	Palme II	Hamburg	669,7	236,40	1200
54/81	*DHNW*	Achilles	Hamburg	359,2	126,79	350
54/90	DHNX	Finkwarder......	Hamburg	59,6	21,05	120
54/87	DHNY	Duisburg	Hamburg	4180,7	1475,78	2350
54/88	DHNZ	Elisabeth Bornhofen	Hamburg	3387,0	1195,63	2300
54/100	*DHOA*	L. F. Mathies	Hamburg	1931,5	681,83	750
54/100	DHOB	Liselotte Essberger	Hamburg	3604,9	1272,54	1200
54/107	*DHOC*	Proteus	Hamburg	4284,1	1512,28	4100
54/95	DHOD	Hans Hinnick ...	Hamburg	65,9	23,28	1500
54/105	*DHOE*	Odenwald	Hamburg	8043,1	2839,21	4200
54/107	DHOF	Röpkesien	Hamburg	505,7	178,51	125
54/107	*DHOG*	Rehhorst	Hamburg	2142,4	756,26	900
54/84	DHOH	Anke Harmstorf..	Hamburg	442,9	174,00	360
54/95	*DHOI*	Heluan	Hamburg	2423,4	855,46	1200
54/106	*DHOJ*	Ostpreussen	Hamburg	6230,3	2199,28	2000
54/84	DHOK	Atlanta	Hamburg	1389,7	490,58	1400
54/95	DHOL	Helene	Hamburg	81,0	28,60	60
54/86	DHOM	Cremon	Hamburg	642,8	226,89	800
54/88	DHON	Eider	Hamburg	1076,5	380,00	
54/94	DHOO	Hans-Erich	Hamburg	6171,7	2180,84	
54/96	DHOP	Herta Johanne III	Hamburg	416,0	146,85	300
54/104	DHOQ	Nita	Hamburg	14,3	5,04	
54/111	*DHOR*	Ulmbrüder 6.....	Hamburg	603,6	213,08	500

DHOS — DJVC

Seite	Unterscheidungssignale	Namen der Schiffe	Heimathafen	Kubikmeter Nettoraumgehalt	Registertons Nettoraumgehalt	PS
54/106	DHOS	Pollux	Hamburg	77,9*	27,50*	
54/106	DHOT	Paula	Hamburg	396,6	140,00	250
54/106	DHOU	Perseus	Hamburg	4284,1	1512,28	4100
54/84	DHOV	Bernd Wesch	Hamburg	603,6	213,07	900
54/109	DHOX	Spreewald	Hamburg	8120,9	2866,66	4200
54/89	DHOY	Esso 61	Hamburg	88,4	31,21	88
54/100	DHOZ	Krautsand	Hamburg	917,0	323,70	750
54/89	DHPA	Fairplay I	Hamburg	19,7	6,95	970
58/103	DIXV	Minna	Friedrichskoog	2,8	0,99	30
59/111	DJCI	Arkona	Hamburg	2221,0	784,03	650
59/112	*DJDB*	Waldemar Sieg	Flensburg	8316,1	2935,59	2355
59/96	DJDC	Hochmeister	Flensburg	716,0	252,76	360
59/100	*DJDE*	Krusau	Flensburg	2324,7	820,61	1200
59/108	DJDF	Schleswig-Holstein	Flensburg	423,8	149,61	250
59/96	DJDG	Hilligenlei	Langeness	21,2	7,48	68
59/95	DJDH	Helgoland	Flensburg	87,7	30,90	185
59/111	*DJDI*	Traute Sarnow	Flensburg	426,4	150,51	250
59/83	*DJDJ*	Annelis Christophersen	Flensburg	1402,4	495,04	830
63/81	DJMS	Adler II	Maasholm	86,5	30,53	117
63/99	DJMT	Klara-Luise	Büsum	8,3	2,93	28
63/103	DJNU	Minna	Maasholm	8,8	3,12	25
63/86	DJMY	Condor	Kappeln	22,4	7,91	120
63/99	DJMZ	Kehrwieder	Büsum	10,8	3,81	24
64/108	DJOA	Schleswig-Holstein	Kiel	50,1	17,68	50
64/91	*DJOB*	Geheimrat Sartori	Kiel	1408,4	497,15	1000
64/108	DJOO	Seeadler	Kiel	35,2	12,44	120
65/87	DJQC	Edith	Heikendorf	34,0	12,00	120
65/97	DJQG	Imgrid Helga	Laboe	59,9	21,15	120
65/86	DJQP	Christa Griese	Kiel	379,1	133,81	240
65/89	DJQQ	Eva	Heikendorf	31,8	11,24	96
65/106	DJRO	Pil-14 (Hei 66)	Heikendorf	4,6	1,61	45
65/87	DJRT	Ecke 30	Eckernförde	3,3	1,15	15
66/105	DJSP	Orion	Kiel	59,5	21,01	130
66/87	DJSR	Düsternbrook	Kiel	8243,1	2933,50	1520
66/94	DJTH	Hei 28	Heikendorf	21,9	7,75	100
66/88	DJTJ	Elisabeth	Eckernförde	37,6	13,29	120
67/107	DJUH	Rendsburg	Kiel	489,5	172,80	750
67/94	DJUK	Heimat	Laboe	19,3	6,83	85
67/94	DJUM	Heimatland	Möltenort	59,6	21,04	120
67/94	DJUO	Hei 24	Heikendorf	38,6	13,63	150
67/88	DJUP	Einigkeit	Möltenort	41,8	14,75	150
67/107	DJUR	Rolf Hagemann	Kiel	540,2	190,70	750
67/91	DJUT	Freya	Kiel	40,8	14,40	150
67/99	DJUU	Kie 710	Heikendorf	60,9	21,51	120
67/94	DJVC	Heimat	Rendsburg	23,4	8,28	120

* = Bruttoraumgehalt.

DJVE — DKGB

Seite	Unterscheidungssignale	Namen der Schiffe	Heimathafen der Schiffe	Kubikmeter Nettoraumgehalt	Registertons Nettoraumgehalt	PS
67/90	DJVE	Franz Holm	Kiel	536,4	189,38	750
67/99	DJVF	Karl Schaller	Kiel	540,2	190,70	750
67/100	*DJVG*	Konsul Sartori	Kiel	1409,0	497,36	1000
67/86	DJVJ	Christian	Kiel	20,4	7,20	120
67/112	DJVN	Walter Siemers	Kiel	540,2	190,70	750
67/83	DJVO	Anna (Lab. 4)	Laboe	9,6	3,40	25
67/99	*DJVR*	Karl Grammerstorf	Kiel	3932,3	1197,48	2300
67/112	DJVW	Walter Meissner	Kiel	536,4	189,38	750
68/161	DJXL	Margarethe	Lübeck-Schlutup	31,3	7,51	120
70/95	DKBM	Henning Oldendorff	Lübeck	6756,5	2385,08	1800
70/87	*DKBN*	Dorothea	Niendorf	38,1	10,18	50
70/87	DKBR	Dievenow	Lübeck-Travemünde	23,4	8,25	70
70/101	DKCQ	Margarethe III	Lübeck-Travemünde	29,9	10,53	
71/92	DKDG	Gerda	Grossenbrode (Holst.)	17,9	6,32	
71/83	DKDZ	Anna	Niendorf	21,1	7,43	150
71/86	DKEA	Christa	Lübeck-Travemünde	27,7	9,77	150
71/108	DKEB	Schleswig-Holstein	Timmendorferstrand	37,7	13,30	
71/87	DKEC	Doris	Lübeck-Travemünde	34,6	12,31	120
71/86	DKED	Christa	Lübeck-Travemünde	26,5	9,36	
71/88	*DKEE*	Emil Berger	Lübeck	3553,8	1254,50	2×650
71/106	DKEF	Pamir	Lübeck	7803,4	2777,00	1100
71/106	DKEG	Passat	Lübeck	8064,7	2870,00	1100
71/108	DKEH	Seeadler	Lübeck-Travemünde	16,2	5,71	
71/108	DKEI	Seeadler	Niendorf	19,2	6,77	
71/92	DKEJ	Gerhard	Neustadt/Holstein	26,5	9,36	100
71/99	*DKEK*	Karl-Christian	Lübeck	3931,1	1387,69	1200
71/104	DKEL	Nordlicht	Burgstaaken	27,5	9,71	100
71/93	DKEM	Hamburg	Lübeck-Travemünde	38,8	13,68	65
71/101	DKEN	Luchs	Neustadt/Holstein	17,2	6,06	
71/89	DKEO	Europa II	Niendorf	24,0	8,46	120
71/109	*DKEP*	Spika	Lübeck	644,9	227,63	775
71/86	DKEQ	Columbus	Burgstaaken	17,7	6,26	120
71/85	DKER	Carola	Rendsburg	406,0	143,37	250
71/85	DKES	Calla	Rendsburg	414,4	146,27	250
71/94	DKGA	Hei 5	Heikendorf	7,5	2,64	
71/94	DKGB	Hei 44	Heikendorf	15,2	5,37	

DMAV — DDNV

Seite	Unterscheidungssignale	Namen der Schiffe	Heimathafen	Kubikmeter Nettoraumgehalt	Registertons Nettoraumgehalt	PS
71/99	DMAV	Kahlenberg	Bremen	400,7	141,44	360
71/98	*DMBT*	Juno	Hamburg	107,15	37,83	2×150
71/109	DMBV	Seerose	Schulau	192,1*	67,90*	120
71/107	DMBW	R 96	Bremen	134,4	47,45	900

2. Streichungen

Seite	Unterscheidungssignale	Namen der Schiffe	Heimathafen	Kubikmeter Nettoraumgehalt	Registertons Nettoraumgehalt	PS
1/84	DABW	Billwärder	Hamburg	243,3	82,71	400
2/86	DACO	Crefeld	Hamburg	304,5	107,50	450
2/88	DADC	Else Wilhelms	Hamburg	307,4	108,51	570
2/89	DADF	Enak	Hamburg	189,0	66,72	750
2/90	DADS	Finkenwärder	Hamburg	231,0	81,56	400
3/94	DAER	Hansa	Cuxhaven	310,0	109,00	400
3/95	DAFD	Heinrich Niemitz	Bremerhaven	247,0	87,00	450
3/96	DAFO	Heros	Hamburg	650,5*	229,77*	750
4/100	DAGP	Kurland	Bremerhaven	237,8	83,93	400
4/100	DAGS	Lappland	Bremerhaven	231,1	81,99	400
4/101	DAGY	Ludwig	Bremerhaven	230,0	81,00	400
4/104	DAHP	Möwe	Bremerhaven	233,0	82,00	400
4/104	DAHU	Neufähr	Cuxhaven	280,0	98,00	400
4/104	DAHV	Neumühlen	Hamburg	280,8	99,12	400
5/105	DAIM	Osdorf	Hamburg	304,2	107,38	575
5/106	DAIR	Otto Krogmann	Cuxhaven	492,1	103,10	550
5/107	DAIY	Preussen	Bremerhaven	233,0	82,00	400
5/107	DAJD	Reiher	Bremerhaven	233,0	82,00	400
5/107	DAJH	Rissen	Hamburg	304,4	107,50	400
5/108	DAJT	Seefalke	Bremerhaven	278,0	98,00	400
5/110	DAKG	Steckelhörn	Cuxhaven	294,0	104,00	400
5/110	DAKJ	Stettin	Lübeck	400,5	141,36	1200
6/113	DALZ	Zwickau	Cuxhaven	287,5	101,48	400
7/97	DANE	Jambo	Hamburg	389,7	137,57	1000
7/99	DANH	Karlsburg	Bremerhaven	531,9	187,70	800
10/87	DCEJ	Dorothea	Emden	203,5	77,85	60
10/89	DCFQ	Erna	Nesmersiel	2,9	1,02	25
12/93	DCHU	Gross Friedrichsburg	Borkum	210,8	74,43	60
12/98	DCJO	Johann Georg	Emden	184,0	64,95	60
13/100	DCLG	Leer	Emden	187,4	66,15	60
17/106	DCSK	Pionier	Langeoog	576,0	203,34	
18/93	DCUI	Hanne	Westrhauderfehn	236,0	83,32	150
19/106	DDCI	Planet	Wilhelmshaven	57,2	20,21	120
19/83	DDDC	Anna Margaretha	Wilhelmshaven	5,0	1,76	
21/103	DDIJ	Möwe	Fedderwardersiel	8,8	3,11	36
22/108	DDIX	Seehund	Blexen	7,7	2,72	65
22/109	DDJB	Sini	Idafehn	68,4	24,13	25
22/81	DDMU	Alberich	Bremen-Vegesack	198,0	69,72	70
22/82	DDMW	Amsel	Bremen-Vegesack	190,0	66,90	78
23/85	DDNC	Castor	Bremen	906,1	319,86	1200
23/86	DDNF	Delphin	Bremen	398,0	140,30	820
23/91	DDNV	Frieda	Bremen-Vegesack	215,0	75,75	80

* = Bruttoraumgehalt.

DDOC — DJXI

Seite	Unterscheidungssignale	Namen der Schiffe	Heimathafen der Schiffe	Kubikmeter Nettoraumgehalt	Registertons Nettoraumgehalt	PS
23/93	DDOC	Gunther	Bremen-Vegesack	198,0	69,72	70
23/101	DDOQ	Luise	Bremen-Vegesack	198,0	69,87	110
24/112	DDQP	Warfleth	Bremen-Vegesack	173,0	61,09	75
24/113	DDQU	Wilhelm	Bremen-Vegesack	215,0	75,75	80
27/90	DEON	Fock u. Hubert .	Bremerhaven	592,5	209,00	800
27/91	DEOS	Frisia	Bremerhaven	7,6	2,68	72
27/96	DEPE	Herzogin Ingeborg	Bremerhaven	229,4	80,98	350
28/105	DEQL	Nordstern	Bremen	6,2	2,19	40
28/111	DERB	Thetis	Bremerhaven	594,0	210,00	800
28/112	DERJ	Westfalen	Bremerhaven	152,9	53,97	175
28/82	DERU	Alfred	Bremerhaven	6,5	2,29	20
29/85	DFFD	Bollermann	Cuxhaven	237,0	83,64	600
29/87	DFFH	Dora	Dorum	4,2	1,48	18
30	DFFV	Eppendorf	Cuxhaven	235,2	83,02	400
30/98	DFHP	Johann-Hinrich .	Cuxhaven	284,0	100,00	400
31/103	DFIK	Minna	Cuxhaven	4,2	1,48	12
31/109	DFJS	Senator Predöhl ..	Cuxhaven	265,0	94,00	400
32/109	DFJT	Senator Westphal	Cuxhaven	239,0	84,00	400
32/110	DFKA	St. Pauli	Cuxhaven	234,0	83,00	400
36/83	DGCE	Anna	Hamburg-Finkenwerder	26,6	9,40	50
36/83	DGCF	Anna Cordes	Hamburg	152,5	53,82	100
38/86	DGFR	Cornelia	Hamburg	3918,7	1383,31	
41/92	DGLT	Gertrud Ulle	Hamburg	45,6	16,09	260
42/94	DGNU	Hans Jürgen	Hamburg	4,0	1,42	20
42/94	DGOG	Hedwig	Hamburg	277,3	97,89	120
44/98	DGSJ	Junior	Hamburg	304,4*	107,44*	250
45/100	DGTT	Langenberg Rhld.	Hamburg	249,0	88,80	380
46/102	DGVK	Maria	Hamburg-Finkenwerder	33,7	11,91	30
52/81	DHHT	Adolph Gleue ...	Hamburg	686,5	242,34	2×275
53/107	DHIR	Quistorp 3	Hamburg	1322,0	466,66	
53/89	DHKM	Fairplay I	Hamburg	42,3	14,98	
54/89	DHKN	Fairplay XIV ...	Hamburg	9,3	3,90	
55/93	DISY	Grete	Brunsbüttelkoog .	11,7	3,88	75
57/110	DIWA	Sturmvogel	Hamburg	7,8	2,57	34
57/113	DIWM	Wilhelm Schiermann	Uetersen	183,2	64,68	120
58/90	DJAN	Fle 32	Flensburg	3,7	1,32	20
58/92	DJAW	Gerda	List/Sylt	24,2	8,54	120
64/95	DJOT	Hermann Kirsch .	Rendsburg	10,6	3,74	375
65/106	DJQC	Pilot	Laboe	5,1	1,81	25
66/94	DJSZ	Heikendorf	Rendsburg	56,0	19,60	150
67/103	DJUB	Max	Kiel	278,1*	98,16*	300
67/109	DJUP	Seestern	Strande	14,4	5,09	
67/109	DJUR	Silbermöwe	Kiel	12,4	4,36	95
67/86	DJVW	Claudius	Rendsburg	182,5	64,41	150
68/86	DJWP	Condor	Lübeck	204,1	72,04	450
68/88	DJXI	Europa	Niendorf	11,0	3,89	120

* = Bruttoraumgehalt.

DJXM — DCLP

Seite	Unterscheidungssignale	Namen der Schiffe	Heimathafen	Kubikmeter * Nettoraumgehalt	Registertons	PS
68/90	DJXM	Fortuna	Neustadt	15,8	5,60	15
68/91	DJXN	Friederike	Burgstaaken	64,8	22,89	40
69/100	DJYW	Lissy	Flensburg	202,7	71,58	150
70/108	DKBM	Seeadler	Burgstaaken	12,6	4,41	100
71/101	DKDG	Margarete	Lübeck	4,0	1,42	
115	DJLZ	Sperber	Büsum	19,4	6,86	
115	DJUI	Jaguar	Rendsburg	49,9*	17,60*	
		3. Sonstige Veränderungen**				
1/84	DABN††	Astrid	Hamburg	281,0	99,22	400
1/84	DABS††	Beluga	Hamburg	126,3	44,57	250
2/88	DADA††	Elsbeth Bartels	Cuxhaven	243,7	104,00	400
2	DAED	Gisela Oldendorff	Lübeck	**2307,0**	**814,89**	800
2/92	*DAEF*	**Glück auf**	**Cuxhaven**	**502,0**	**177,20**	800
3/94	DAEX††	Heidelberg	Hamburg	265,5	93,71	420
3/97	DAFX††	Inge-Marie	Hamburg	228,7	80,78	400
4/103	*DAHO*	Minerva	**Bremen**	**5591,5**	**1973,78**	3050
5	*DAJC*	Regensburg	Bremerhaven	**283,5**	100,00	540
5/107	DAJI††	Roland	Bremerhaven	231,0	82,00	400
5	*DAJO*	Schiewenhorst	Cuxhaven	**299,4**	105,69	400
5/109	*DAJV*†	Seeteufel	Bremerhaven	264,0	93,00	**300**
5/109	*DAJZ*	Siegfried	**Bremerhaven**	932,3	329,09	420
6/111	*DAKZ*†	Titan	Hamburg	111,8	39,48	850
6	*DALY*	Zeus	Bremen	**5613,2**	**1981,45**	3000
6/86	*DAMK*†	Christa	Büsum	54,0	19,06	180
8/90	DAPD	**Sperber**	Bremen	989,9	349,94	800
8	DCBK	Albatros	Friedrichsschleuse	**22,4**	**7,89**	125
9/83	DCCD	Anna	**Westeraccumer-siel**	4,9	1,73	36
9	DCCY	Baltrum II	Baltrum	**68,5**	**24,19**	100
9	DCDG	Brandaris	Langeoog	**270,4**	**95,44**	135
10	DCFN	Eos	Haren/Ems	**271,3**	**95,76**	125
11	DCFZ	Fortuna	Rhaudermoor	**314,4**	**111,00**	130
11/90	DCGA	Fortuna	**Bremen**	193,3	68,23	80
11	DCHF	Gertrud	Haren/Ems	**275,8**	**97,36**	180
11/92	DCHQ	Goode Wind	**Nesmersiel**	4,9	1,72	10
12	DCHX	Hans	Haren/Ems	**301,0**	**105,94**	111
12	DCIF	Heinrich Elfring	Haren/Ems	**231,2**	**81,62**	**100**
12	DCIP	Hermangela	Haren/Ems	**296,5**	**104,66**	110
12	DCIT	Hertha Johanne	Rhaudermoor	**445,2**	**157,17**	150
12/96	DCJF	Hohenzollern	**Warsingsfehn**	7,8	2,77	25
12	DCJG	Iduna	Haren/Ems	**248,6**	**87,75**	120
12	DCJJ	Immanuel	Holterfehn	**206,2**	**72,79**	**75**
12/98	DCJS	Johanna	**Warsingsfehn**	65,5	23,12	50
13/99	DCKO	Kehrwieder	**Oldenburg**	142,1	50,18	75/90
13	DCLD	Lauria	Haren/Ems	**95,7**	**33,79**	**75**
13/100	DCLP	Lina	**Holterfehn**	40,8	14,39	20

* = Bruttoraumgehalt.
† = Funkanlage eingebaut. †† = Funkanlage ausgebaut.
** = Die eingetretenen Änderungen sind durch fetten Druck gekennzeichnet.

DCNE — DEQH

Seite	Unterscheidungssignale	Namen der Schiffe	Heimathafen der Schiffe	Kubikmeter (Nettoraumgehalt)	Registertons (Nettoraumgehalt)	PS
14/104	DCNE	Nelson	**Westeraccumersiel**	4,5	1,59	30
14/105	DCNO	Nordstern	**Greetsiel**	5,5	1,93	25
15	DCOJ	Quo Vadis	Haren/Ems	**296,0**	**104,50**	120
17	DCRS	Wilhelmine	Warsingsfehn	**268,8**	**94,88**	**150**
18	*DCUG*	Johann Schulte	Emden	**9814,5**	**3464,53**	2750
18/88	*DCUN*	Eliza Nübel	Emden	**8808,7**	**3109,46**	2000
18	*DCUP*	Jacobus Fritzen	Emden	**2963,4**	**1046,09**	1250
19/103	DDBX	Meike	**Möltenort**	50,1	17,69	220
19/108	DDCM	Saturn	**Glückstadt**	17,6	6,21	50
19	DDCS	Sirius	Wilhelmshaven	**37,7**	**13,32**	75
19	*DDCZ*	Holstein	Schulau	57,2	**20,21**	150
20	DDFQ	Dietrich Ahrens	Brake	**385,4**	**136,00**	150
20/91	*DDGB*†	Frieden	**Hamburg**	36,0	12,71	230
20	DDGP	Hans Georg	Elsfleth	**390,7**	**137,92**	165
21/95	DDGV	Georg H. Claussen	**Bremen**	212,3	74,95	300
21	DDHM	Johanna	Brake	**420,2**	**148,32**	165
21/86	DDIB	**Christoph Kleemeyer**	**Bremen**	**302,5**	**106,78**	135
22/107	*DDIQ*†	Reiher	**Hamburg**	36,0	12,71	150
22	DDJF	Thekla	Barssel	**336,9**	**118,92**	200
22	DDJK	Wilhelm Lühring	Brake	**446,2**	**157,53**	100
23/87	DDNG	Dirk	**Bremen**	**356,6**	**125,87**	300
23/90	DDNQ	**Else Sieg**	**Flensburg**	1165,7	412,00	270
23	DDNY	Germania	Bremen	**436,0**	**153,91**	150
23/96	DDOF	**Hinrich Ahrens**	Bremen	**336,9**	**118,92**	200
23/97	*DDOG*†	Irak	Bremen	561,4	198,17	310
24/105	DDPP	**Asta Siemering**	**Emden**	**1027,5**	**362,71**	520
25/91	DDRB	**Blumentahl**	Bremen	24,4	8,63	560
25	*DDRE*	Arion	Bremen	**5172,6**	**1852,91**	**1200**
25/107	DDRG	Rebecka E	**Hamburg**	**267,0**	**94,25**	**475**
25/97	*DDSM*	**Catharina Wiards**	Bremen	2236,4	789,46	1800
26/109	*DDSZ*	**Käthe Wiards**	Bremen	1396,3	492,89	1000
26/112	*DDTD*†	Vesta	Bremen	**2312,2**	**816,22**	1100
26/83	*DDTE*†	Ansgaritor	Bremen	**9668,7**	**3413,06**	**2400**
26	*DDTI*	Magdalene Vinnen	Bremen	**8120,5**	**2866,54**	**2500**
26/89	*DDTJ*	**Erna Ronnebaum**	Bremen	2015,5	714,48	500
26	*DDTM*†	Crostafels	Bremen	**10599,6**	**3741,65**	3400
26	*DDTP*†	Axenfels	Bremen	7524,6	2656,18	**3700**
26/97	*DDTT*†	Industria	Bremen	**5403,6**	**1923,00**	**1300**
26/84	DENY	Bernhard	**Norddeich**	5,1	1,80	80
27/96	DEPH	Hoffnung	**Neustadt/Holst.**	37,5	13,24	125
27/97	*DEPP*†	Jochen	Hamburg	39,6	13,98	**230**
27/102	DEPY	Marianne	**Schilksee-Strande**	29,7	10,50	125
27	DEQE	Nordfjord	Bremerhaven	**68,1**	**24,05**	125
27/104	*DEQF*	**Katharina**	**Hamburg**	**116,8**	**41,24**	150
27/104	*DEQG*†	Nordland	Bremerhaven	**70,6**	**24,81**	125
27/104	DEQH	**Margarethe**	Bremerhaven	**109,8**	**38,76**	150

† = Funkanlage eingebaut.

DEQJ — DGNP

Seite	Unterscheidungssignale	Namen der Schiffe	Heimathafen	Kubikmeter (Nettoraumgehalt)	Registertons (Nettoraumgehalt)	PS
28/105	DEQJ	**Santa Maria**	Bremerhaven	**69,0**	**24,35**	125
28/105	DEQK	Nordsee	**Kiel**	35,1	12,39	240
28	DEQM	Nordstern	Bremerhaven	**71,0**	**25,08**	100
28/105	*DEQN*	**Fatima**	**Bremen**	**71,1**	**25,11**	150
28	DEQO	Nordwind	Bremerhaven	**70,8**	**24,83**	100
28/97	*DERP*†	Ingeborg	Bremerhaven	87,5	30,90	75
28	*DERV*	Odin	Bremerhaven	**474,7**	**167,58**	850
28	*DERW*	Thor	Bremerhaven	**469,6**	**165,78**	850
28	DESA	Oliva	Bremerhaven	**532,8**	**188,09**	300
28	DESH	Bremerhaven	Bremerhaven	**292,9**	**103,41**	285
29	DFFO	Elbutt	Cuxhaven	**7,6**	**2,68**	30
30/93	DFGU	**Gretl**	Altenbruch	8,0	2,82	18
31	DFIL	Möve II	Dorum	3,0	1,11	35
31	DFJF	Schwalbe	Cuxhaven	**5,1**	**2,08**	16/18
32/113	DFKP	Wilhelmine	Cuxhaven	**8,5**	**3,01**	20
32/87	*DFLC*†	Dithmarschen	**Bremerhaven**	**60,9**	**21,51**	**120**
32	DFLG	Alte Liebe	Cuxhaven	**60,3**	**21,30**	120
32/82	*DFLM*†	Albinus	Cuxhaven	59,5	21,02	120
33	DFVT	Frieda Elisabeth	Wischhafen	**153,1**	**54,06**	75
33	DFWA	Walter	Lübeck	**201,6**	**71,16**	**135**
35/90	DFYM	Frankfurt	**Bremen**	189,9	67,03	125
35	DGAF	Adele	Hamburg	**299,1**	**105,88**	150
35	DGAG	Magdalene	Rendsburg	**280,4**	**98,98**	**110**
36/82	DGBA	**Fehmarn III**	Hamburg	89,8	31,70	**60**
36/82	DGCB	Anna	**Ostgroßefehn**	102,2	36,09	36
36/83	DGCL	Anna Marta	Hamburg	**378,1**	**133,47**	150
36	DGCO	Ännchen Peters	Hamburg	**971,3**	**342,87**	350
37	DGCZ	Antje Oltmann	Hamburg	**410,1**	**144,75**	150
37/85	DGEG	Brigitta	**Strande**	35,6	12,57	100
37/85	DGET	Catharina	**Bremerhaven**	7,8	2,75	60
38	DGFI	Claus	Hamburg	**341,6**	**120,60**	150
38/86	DGFL	**Jenny Porr**	Hamburg	**637,2**	**224,94**	300
38	DGFX	Delphin IV	Hamburg	**344,4**	**121,58**	200
38	DGFZ	Derfflinger	Hamburg	**501,7**	**177,10**	150
38	DGGG	Dora	Hamburg	**350,2**	**123,62**	150
38/88	DGGS	**Lubeca**	Hamburg	506,7	178,86	2×130
39	DGII	Erika	Hamburg	**168,2**	**59,36**	85
39/89	DGIJ	Erna	**Heiligenhafen**	126.6	44,68	50
39	DGIM	Erna Marie	Hamburg	**225,9**	**79,73**	**90**
40/89	DGJL	**Wolfgang**	Hamburg	146,9*	58,22*	300
40	DGJU	Fischland	Hamburg	**317,5**	**112,07**	120
40/91	DGKT	**Heike Schlüter**	Rendsburg	**565,2**	**199,52**	250
41/91	DGKZ	Fritz Reuter	**Hamburg**	86,4	30,51	120
41	DGLO	Gertrud	Hamburg	**357,9**	**126,35**	150
41	DGMK	Greta	Hamburg	**344,1**	**121,45**	**200**
41	DGMA	Grete	Hamburg	**139,1**	**49,11**	**90**
42	DGNB	Halmstad	Hamburg	**1301,0**	**459,26**	700
42	DGNG	Hannchen Allers	Hamburg	**349,6**	**123,42**	100
42/94	DGNP	Hans-Carl	**Kiel**	584,5	**264,34**	300

† = Funkanlage eingebaut. * = Bruttoraumgehalt.

DGOI — DHIS

Seite	Unterscheidungssignale	Namen der Schiffe	Heimathafen	Kubikmeter (Nettoraumgehalt)	Registertons (Nettoraumgehalt)	PS
42	DGOI	Heimat	Hamburg	**396,2**	**139,86**	180
42	DGOL	Heimkehr	Hamburg	**265,9**	**93,85**	**180**
43	DGPB	Helene	Hamburg	**1111,9**	**392,50**	**520**
43	DGPM	Henry Six	Hamburg-Altenwerder	**21,4**	7,57	100
43/95	DGPR	Hermann.	**Rendsburg**	342,7	120,98	100
43/96	DGPY	**J. C. Ertel**	Hamburg	**1003,0**	**354,05**	600
43/96	*DGQC*†	Hilda	Hamburg-Finkenwerder	72,5	25,59	120
43/96	DGQF	**Rüstringen**	Bremen	135,1	47,70	2×900
43/97	*DGQO*†	Hummel	Hamburg	282,3	99,65	400
43	DGQT	Inge	Rendsburg	**284,4**	**100,39**	150
44	DGQW	Ingeborg	Hamburg	**186,8**	**65,94**	90
44	DGQZ	Irene	Hamburg-Finkenwerder	**34,0**	**12,01**	130
44/97	*DGRJ*†	Jason	Cuxhaven	209,6*	73,99*	250
44/98	*DGSP*†	Käte Hamm	Hamburg	403,1	142,30	200
45	DGSX	Käthe Ritscher	Hamburg	**402,8**	**142,20**	200
45	DGSY	Kamerad	Hamburg	**179,9**	**63,50**	110
45	DGTI	Kehdingen	Hamburg	**398,4**	**140,63**	150
45	DGTK	Kehrwieder II	Hamburg	**498,3**	**175,90**	**250**
45	DGTN	Kondor	Hamburg	**279,6**	**98,70**	90
45	DGUB	Line Hinsch	Hamburg	**146,9**	**51,85**	70
46/101	DGUZ	**Gerda I**	Hamburg	**297,8**	**105,11**	120
47	DGWQ	Mary .	Hamburg	**177,3**	**62,67**	100
47	DGXP	Minna	Hamburg	**179,8**	**63,48**	60
47	DGXR	Minna Catharina	Hamburg	**234,6**	**82,81**	**90**
47	DGXZ	Mulli	Hamburg	**156,3**	**55,16**	40
47/104	*DGYF*†	Neuenfelde	Hamburg	281,6	99,42	200
48	DGYT	Tankleichter Oder	Hamburg	**2572,1**	**907,96**	
48	DGYV	Olga	Hamburg	**477,7**	**168,64**	200
48/105	DGYW	**Ingrid Becker**	**Rendsburg**	220,7	77,90	**108**
48/106	DGZG	**Erik Seyd**	Hamburg	641,7	226,53	300
49	DHAX	Seehund	Hamburg	**367,9**	**129,99**	150
49	DHBK	Sleipner	Hamburg	**423,4**	**149,46**	200
49	DHCP	Tinka	Hamburg	**313,7**	**110,75**	150
50	DHDU	Wilfried	Hamburg	**357,9**	**126,35**	150
51	DHER	Paul	Hamburg	**660,2**	**233,05**	250
51	DHFH	Klaus Wilhelm	Hamburg	**513,2**	**181,17**	**360**
51/85	DHFU	Carlshütte IV	**Rendsburg**	110,4	38,96	50
51	*DHGJ*	Lucy Essberger	Hamburg	**4101,0**	**1447,66**	**1200**
52	DHGR	Thetis	Hamburg	**407,4**	**143,80**	250
52/105	*DHGX*†	**Rio Bengo**	Hamburg	**156,7**	**55,31**	150
52	*DHHD*	Europa	Hamburg	**15797,8**	**5576,61**	4800
52	*DHHH*	Elisabeth Arlt	Bremen	**2110,0**	**744,83**	950
52	*DHHU*	Wolfsburg	Hamburg	**9318,8**	**3289,53**	3100
52/110	DHID	**Klaus**	Hamburg	143,6	50,69	125
53/107	DHIS	**Gebina**	Haren/Ems	1380,6	487,36	

† = Funkanlage eingebaut. * = Bruttoraumgehalt.

DHIT — DJRU

Seite	Unterscheidungssignale	Namen der Schiffe	Heimathafen	Kubikmeter (Nettoraumgehalt)	Registertons (Nettoraumgehalt)	PS
53	DHIT	Katja	Hamburg	**477,3**	**168,50**	255
53	*DHJI*	Bellatrix	Hamburg	**6877,3**	**2427,70**	1500
53	DHJK	Roter Sand	Hamburg	**1693,3**	**597,75**	700
53	*DHJL*	Arktis	Hamburg	**291,7**	**102,99**	600
53/98	DHJT	**Vano S**	Hamburg	209,8	74,07	100
53	*DHJX*	Sachsenwald	Hamburg	**7018,2**	**2477,43**	**4000**
53/104	*DHKB*†	Montan	Hamburg	10514,1	3711,48	**2400**
53/96	*DHKE*†	Hilda-Rebecka	Hamburg	427,4	150,86	**250**
53	DHKF	Delphin	Hamburg	**1587,4**	**560,85**	**750**
53/92	*DHKG*†	Glückauf	Hamburg	**8653,9**	**3054,83**	**2200**
53/85	DHKH	Carl	Hamburg	**1556,0**	**549,26**	**685**
53	*DHKI*†	Winnetou	Hamburg	**10810,6**	**3816,16**	3500
53	*DHKJ*	REG II	Hamburg	**7041,5**	**2485,58**	**2240**
54/106	*DHKT*†	Otto Porr	Hamburg	**764,3**	**269,79**	**500**
54/82	*DHKW*†	Alstertor	Hamburg	8754,0	3090,00	**2500**
54/101	*DHKX*†	Luise Bornhofen	Hamburg	**5283,0**	**1865,00**	**1500**
54/83	DIQS	Anita	**Friedrichskoog**	4,3	1,52	25
55	DIRX	Düneck	Uetersen	**343,5**	**121,25**	160
55	DITG	Holstein	Uetersen	**420,7**	**148,51**	200
55/95	**DFLZ**	Herm. Fischer	**Cuxhaven**	39,6	13,99	120
56/102	DIUJ	Marie-Eleonore	**Helgoland**	247,9	87,52	85
56	DIVK	Rheingold	Hamburg	**277,6**	**98,00**	120
57	DIWP	Zukunft	Uetersen	**349,0**	**123,19**	150
57/105	*DIXH*†	Nordsee	Schulau	57,3	20,21	120
57/88	*DIXJ*†	Elisabeth Bröker	Schulau	385,8	136,18	250
58	DJAR	Föhr-Amrum	Wyk/Föhr	**239,1**	**84,39**	240
58/90	DJAS	**Hilligenlei**	Wyk/Föhr	184,9	65,28	320
58/93	DJAY	Günther III	**Rendsburg**	197,4	69,67	140
58/111	DJBX	**Vera**	Flensburg	1008,2	355,91	450
59	*DJCZ*†	Pallas	Flensburg	**2849,7**	**1005,95**	1200
61/95	DJGY	Helmut	**Friedrichskoog**	3,4	1,20	40
63/101	DJKT	Maa **23**	Maasholm	8,0	2,84	50
63/103	DJLG	Meteor	**Pellworm**	92,8	32,76	
63	DJNO	Annemarie	Kiel	**373,8**	**131,94**	**195**
64/85	DJNU	Bungsberg	**Hamburg**	680,3	240,10	360
64/88	DJOE	Elisabeth	**Tatting**	5,4	1,91	20
64	DJOW	Hilda	Kiel	**500,6**	**176,71**	150
64/96	*DJOX*	**Achim Waap**	Kiel	**725,4**	**256,07**	350
64	DJPB	Holsatia	Kiel	**277,5**	**97,97**	380
64/100	*DJPM*†	Laboe	Kiel	687,7	242,76	940
64/101	DJPO	**Rita Degen**	Kiel	**363,0**	**128,14**	300
65/104	DJPU	Neuende	**Hamburg**	660,0	232,99	300
65/106	DJQB	**Phönix**	Kiel	168,6	59,52	530
65	DJQE	Pirat 8	Kiel	**0,3**	**0,09**	150
65/109	*DJQM*†	Sprott	Eckernförde	37,6	13,26	125
65	DJQO	Maria Fr. Joerk.	Kiel	**416,3**	**146,96**	**200**
65/100	*DJRB*†	Kronsberg	**Hamburg**	**993,2**	**350,59**	1000
65/91	DJRN	**Atlantic**	Emden	**60,8**	**21,46**	120
66	*DJRU*	Marianne	Kiel	**4518,3**	**1594,95**	1200

† = Funkanlage eingebaut.

DJSE — DJDD

Seite	Unterscheidungssignale	Namen der Schiffe	Heimathafen	Kubikmeter Nettoraumgehalt	Registertons Nettoraumgehalt	PS
66/105	*DJSE*†	Nordmeer	Eckernförde	31,2	11,01	110
66/101	*DJSM*†	M. Joerk	Kiel	1542,3	544,43	700
66	DJTU	Lab 111	Laboe	**4,2**	1,49	15
67/110	*DJVA*†	Stein	Kiel	5,0	2,0	710
67/112	*DJVX*†	Waltraud Behrmann	Rendsburg	410,2	144,81	250
67/87	DJWF	Antje	Niendorf	**25,0**	**8,84**	75
67/85	DJWL	**Flamingo**	**Flensburg**	181,3	64,01	350
68/86	DJWO	Claus	**Bremerhaven** ...	**823,4**	**290,67**	**320**
68/90	DJXK	**St. Georg**	**Flensburg**	196,2	69,26	225
68	DJXZ	Hanna-Frieda ...	**Kiel**	78,8	27,83	36
69/98	DJYR	Julianna	**Heiligenhafen** ..	74,7	26,31	50
69/105	DJZO	Ost	**Hamburg**	78,8*	27,83*	140
70/92	DKCA	Goldelse	**Rendsburg**	252,5	89,14	190
70/93	DKCH	Granada	**Hamburg**	2869,3	1010,51	1200
70/106	DKCJ	Paul Beneke	**Hamburg**	389,5	137,32	500
70/99	*DKCS*	Klaus Oldendorff	Lübeck	**6218,2**	**2195,04**	1250
71/112	DKDD	**Stern von Rio** ..	Heiligenhafen	12,2	4,31	
71	*DKDP*†	Dietrich Oldendorff	Lübeck	1568,1	553,55	**550**
71	*DKDT*	Hugo Oldendorff .	Lübeck	**2448,4**	**864,28**	**996**
94	DJTA	**Hein**	Kiel			
106	**D**AIO	Ostmark	Bremerhaven			
107	DHAH	Runghold	**Tönning**			
110	*DA**O**C*	Stettiner Greif ...	Hamburg			
113	DIX**Q**	Zita	Elmshorn			
114	*DCUX*	Katharina Dorothea Fritzen ...	Emden	**10660,2**	**3763,06**	2200
114	*DDTY*	**Altair**	Bremen	**2521,7**	**890,16**	1600
114	*DDUF*	Consul Arlt	Bremen	**3125,0**	**1103,13**	1650
114	*DETO*†	Tübingen	Bremerhaven	509,6	179,88	700
114	*DETS*†	Tagila	Bremerhaven	63,6	22,46	
115	*DHLG*†	Ravensberg	Hamburg	**11923,6**	**4209,02**	**2800**
115	*DHLL*	John Augustus Essberger	Hamburg	**15190,0**	**5362,06**	**2800**
115	*DHLN*†	Holstein	Hamburg	**7454,4**	**2631,40**	**1750**
115	*DHLP*†	Beteigeuze	Hamburg	**7896,6**	**2777,96**	**1800**
115	*DHLU*	Tenerife	Hamburg	**4953,6**	**1748,63**	**2000**
115	DIXR	Antje Jansen	**Uetersen**	411,1	145,12	250
115	*DJDD*†	Merkur	Flensburg	413,3	145,91	**250**

† = Funkanlage eingebaut. * = Bruttoraumgehalt.

B. Nachtrag zu den Listen der Rettungsboote der Deutschen Gesellschaft zur Rettung Schiffbrüchiger und den Booten des Zollgrenzschutzes

DLVS — DLVR

Seite	Unter-scheidungs-signale	Namen der Boote	Rettungsstation bzw. Heimathafen
		1. Neueintragungen	
73	DLVS	Weserwachtschiff	Bremerhaven
73	DLVT	Blitz	Bremerhaven
73	DLVU	Falke	Bremerhaven
		2. Streichungen	
72	DBAG	Daniel Denker	Friedrichskoog
73	DLVB	Eileen	Cuxhaven
73	DLVM	Honour	Cuxhaven
		3. Sonstige Veränderungen	
72	DBAA	Hans Hartmann ℨ	Laboe
73	DLVC	Hedwig ℨ ⓩ[2]) *T*[3])	Cuxhaven
73	DLVD	Hanna ℨ *T*[3])	Cuxhaven
73	DLVE	Heike ℨ ⓩ[2])	List/Sylt
73	DLVG	Helene ℨ ⓩ[2])	Flensburg
73	DLVH	Tiger[1])	Travemünde
73	DLVJ	Hermine ℨ ⓩ[2])	List/Sylt
73	DLVK	Hildegard ℨ ⓩ[2])	Wilhelmshaven
73	DLVN	Helga ℨ ⓩ[2])	Emden
73	DLVP	Jaguar ℨ *T*[3])	Flensburg
73	DLVQ	Löwe ℨ ⓩ[2])	Travemünde
73	DLVR	Panther ℨ ⓩ[2])	Eckernförde

[1]) Seefunkstelle ausgebaut.
[2]) Bordfunkpeiler eingebaut.
[3]) Telefonie eingebaut

C. Nachtrag zur Liste der Bundes- und Länderfahrzeuge

DBFN — DBOC

Seite	Unterscheidungssignale	Namen der Schiffe	Art der Schiffe	Heimathafen der Schiffe	PS
		1. Neueintragungen			
77	DBFN	Uthörn *T*	Forschungsboot	List/Sylt	120
77	DBGF	Odin	Schlepp- u. Bereisungsfahrzeug	Kiel	2×75
77	DBGW	Wasserschutzpolizei 19 *T*	Streifenboot	Hamburg	330
77	DBGX	Wasserschutzpolizei 36 *T*	Streifenboot	Hamburg	2×150
77	DBJH	Brokdorf	Kranschiff	Hamburg	350/400
77	DBLE	Hafenkapitän *T*	Schlepp- u. Bereisungsschiff	Bremen	200
77	DBLF	Heppens	Transportfahrzeug	Bremen	300
77	DBLG	Körte *T*	Versorgungsschiff	Bremen	300
77	DBNP	Kranich	Schleppfahrzeug	Cuxhaven	300
77	DBNQ	Woltmann	Schleppfahrzeug	Cuxhaven	280
77	DBNR	Eitzenbalje	Transportschute	Cuxhaven	60
77	DBNS	v. Jonquieres	Schleppdampfer und Eisbrecher	Cuxhaven	507
		2. Streichungen			
75	DBBF	Berlin	Eisbrecher	Emden	900
75	DBCK	Pommern	Eisbrecher	Kiel	1200
75	DBCL	Pregel	Eisbrecher	Hamburg	1000
76	DBDB	Bremen	Tonnenleger	Bremen	70
76	DBDJ	Dünung	Schlepp- und Bereisungsschiff	Bremen	75
76	DBDK	E V	Dampfklappschute	Bremen	120
76	DBDL	E VI	Dampfklappschute	Bremen	120
76	DBDT	Hansa	Schleppdampfer	Bremen	350
76	DBEC	Nogat	Saugbagger	Kiel	170
76	DBEG	P B III	Pumpenbagger	Emden	350
76	DBEU	Steinprahm I	Steintransport	Bremen	
76	DBEV	Steinprahm II	Steintransport	Bremen	
77	DBEY	Tide	Bereisungsdampfer	Bremen	120
77	DBFJ	Wodan	Eisbrecher	Bremen	300
77	DBOC	Natus	Versorgungs- und Vermessungsfahrzeug	Wilhelmshaven	200

DBBM — DBFK

Seite	Unter-scheidungs-signale	Namen der Schiffe	Art der Schiffe	Heimathafen der Schiffe	PS
		3. Sonstige Veränderungen[**]			
75	DBBM	Bussard ȥ ⓩ *T*[3])	Tonnenleger	Kiel	490
75	DBBN	Capitain Karpfanger ȥ[1])	Lotsendampfer	Cuxhaven	330
75	DBBP	Delphin ȥ *T*[3])	Tonnenleger	Kiel	300
75	DBCA	Langeoog ȥ ⓩ[2]) *T*[3])	Tonnenleger	Bremerhaven	**500**
75	DBCB	Lotsenkommandeur Krause ȥ *T*[3])	Seezeichendampfer	Brunsbüttelkoog	520
75	DBCC	Ludwig Plate ȥ ⓩ[2]) *T*[3])	Lotsendampfer	Bremerhaven	**700**
75	DBCE	Mellum ☛[4]) ȥ ⓩ *T*[3])	Tonnenleger	Brunsbüttelkog	2000
75	DBCI	**Eisbrecher 2 (Ostpreußen)** *T*	Eisbrecher	Hamburg	2000
75	DBCM	Preußen ȥ ⓩ[2])	Eisbrecher	Kiel	1850
75	DBCN	Prinz Adalbert [1*]) *T*[3])	Lotsenschoner	Bremerhaven	**180**
75	DBCR	**Eisbrecher 1 (Stettin)** [1*]) [2*]) *T*	Eisbrecher	Hamburg	1900
75	DBCS	Weser [1*]) [4*]) *T*[3])	Lotsendampfer	Bremen	**500**
75	DBCT	Wilhelms ȥ ⓩ *T*[3])	Tonnenleger	Kiel	500
76	DBDK	**Möwe**	**Motorboot**	Bremen	**60**
76	DBDN	Elbe [3*])	Seezeichendampfer	Hamburg	460
76	DBDX	Meyerslegde	Saugbagger	Cuxhaven	700
76	DBEH	Randzel *T*[3])	Peildampfer	Emden	160
76	DBEW	Süd *T*[3])	Schleppdampfer	Bremen	120
77	DBFB	Gauss ☛ ȥ ⓩ *T*[3])	Versuchs- und Vermessungsschiff	Hamburg	1000
77	DBFG	Wega *T*[3])	Peilboot	Hamburg	120
77	DBFH	Welle [1*]) T[3])	**Bereisungsdampfer**	**Brake**	**2×300**
77	DBFK	Wremen	**Seebagger**	**Bremerhaven**	**2×900**

[1]) Seefunkstelle eingebaut.
[1*]) Seefunkstelle ausgebaut.
[2]) Bordfunkpeiler eingebaut.
[2*]) Bordfunkpeiler ausgebaut.
[3]) Telefonie eingebaut.
[3*]) Telefonie ausgebaut.
[4]) Wasserschallempfänger eingebaut.
[4*]) Wasserschallempfänger ausgebaut.
[5]) Wasserschallsender eingebaut.
[**]) Die eingetretenen Änderungen sind durch fetten Druck gekennzeichnet.

DBGM — DBHC

Seite	Unterscheidungssignale	Namen der Schiffe	Art der Schiffe	Heimathafen der Schiffe	PS
77	DBFM	Meerkatze z Ⓩ *T*[3])	Fischereischutzboot	Cuxhaven	1000
77	DBGE	Südfall [1*]) [2*]) [4*])	Forschungsschiff .	**Kiel**	120
77	**DBHL**	Kapitän Meyer ⇐[4]) z Ⓩ[2]) *T*[3]).	Seezeichendampfer	Tönning	750
77	**DBHJ**	Barsch..........	Lotsenversetzboot	Kiel-Holtenau ...	250
78	**DBHK**	Wal [1*]) Ⓩ	Eisbrecher	Rendsburg	1200
77	DBPA	Borkum z[1]) *T*...	Lotsendampfer...	Emden	1467
114	DBHC	Wasserschutzpolizei 12 *T*[3])......	Polizeiboot	Bremen	200

Seite	Geographisches Signal der Feuerschiffsstation	Internationales Unterscheidungssignal beim Verlassen der Feuerschiffsstation	Namen der Schiffe
79	AFRU	DBBT	Fehmarnbelt 🔔 z Ⓕ *T*[3])
79	AIKR	DBBZ	Kiel 🔔 z Ⓕ *T*[3])
79	AFVN	DBBU	Flensburg 🔔 z *T*[3])
79	—	DBFL	ReserveOstsee 🔔[5]) z[1]) Ⓩ[2])

[1]) Seefunkstelle eingebaut.
[1*]) Seefunkstelle ausgebaut.
[2]) Bordfunkpeiler eingebaut.
[2*]) Bordfunkpeiler ausgebaut.
[3]) Telefonie eingebaut.
[4]) Wasserschallempfänger eingebaut.
[4*]) Wasserschallempfänger ausgebaut.
[5]) Wasserschallsender eingebaut.
**) Die eingetretenen Änderungen sind durch fetten Druck gekennzeichnet.

FSC
www.fsc.org
MIX
Papier | Fördert gute Waldnutzung
FSC® C083411

Kolibri 360 GmbH
Ferdinand-Jühlke-Straße 7
99095 Erfurt, Deutschland
produktsicherheit@kolibri360.de